环保科普丛书   "十三五"国家重点图书出版规划项目

危险废物污染防治知识问答

WEIXIAN FEIWU WURAN
FANGZHI ZHISHI WENDA

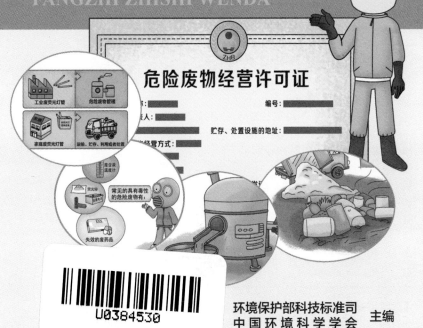

环境保护部科技标准司
中国环境科学学会   主编

中国环境出版集团·北京

图书在版编目（CIP）数据

危险废物污染防治知识问答 / 环境保护部科技标准司，中国环境科学学会主编 . -- 北京：中国环境出版集团，2017.6（2021.6 重印）
（环保科普丛书）
ISBN 978-7-5111-3210-9

Ⅰ . ①危… Ⅱ . ①环… ②中… Ⅲ . ①危险物品管理－废物管理－问题解答Ⅳ . ① X7-44

中国版本图书馆 CIP 数据核字 (2017) 第 128739 号

出 版 人　武德凯
责任编辑　沈 建　董蓓蓓
责任校对　任 丽
装帧设计　宋 瑞

出版发行 **中国环境出版集团**
　　　　（100062 北京市东城区广渠门内大街 16 号）
　　　　网　　址：http://www.cesp.com.cn
　　　　电子邮箱：bjgl@cesp.com.cn
　　　　联系电话：010-67112765（编辑管理部）
　　　　发行热线：010-67125803，010-67113405（传真）
印　　刷　北京中科印刷有限公司
经　　销　各地新华书店
版　　次　2017 年 10 月第 1 版
印　　次　2021 年 6 月第 2 次印刷
开　　本　880×1230 1/32
印　　张　4.5
字　　数　80 千字
定　　价　23.00 元

《危险废物污染防治知识问答》编委会

《环保科普丛书》

　　我国正处于工业化中后期和城镇化加速发展的阶段，结构型、复合型、压缩型污染逐渐显现，发展中不平衡、不协调、不可持续的问题依然突出，环境保护面临诸多严峻挑战。环保是发展问题，也是重大的民生问题。喝上干净的水，呼吸上新鲜的空气，吃上放心的食品，在优美宜居的环境中生产生活，已成为人民群众享受社会发展和环境民生的基本要求。由于公众获取环保知识的渠道相对匮乏，加之片面性知识和观点的传播，导致了一些重大环境问题出现时，往往伴随着公众对事实真相的疑惑甚至误解，引起了不必要的社会矛盾。这既反映出公众环保意识的提高，同时也对我国环保科普工作提出了更高要求。

　　当前，是我国深入贯彻落实科学发展观、全面建成小康社会、加快经济发展方式转变、解决突出资源环境问题的重要战略机遇期。大力加强环保科普工作，提升公众科学素质，营造有利于环境保护的人文环境，增强公众获取和运用环境科技知识的能力，把保护环境的意

I

识转化为自觉行动，是环境保护优化经济发展的必然要求，对于推进生态文明建设，积极探索环保新道路，实现环境保护目标具有重要意义。

国务院《全民科学素质行动计划纲要》明确提出要大力提升公众的科学素质，为保障和改善民生、促进经济长期平稳快速发展和社会和谐提供重要基础支撑，其中在实施科普资源开发与共享工程方面，要求我们要繁荣科普创作，推出更多思想性、群众性、艺术性、观赏性相统一，人民群众喜闻乐见的优秀科普作品。

环境保护部科技标准司组织编撰的《环保科普丛书》正是基于这样的时机和需求推出的。丛书覆盖了同人民群众生活与健康息息相关的水、气、声、固废、辐射等环境保护重点领域，以通俗易懂的语言，配以大量故事化、生活化的插图，使整套丛书集科学性、通俗性、趣味性、艺术性于一体，准确生动、深入浅出地向公众传播环保科普知识，可提高公众的环保意识和科学素质水平，激发公众参与环境保护的热情。

我们一直强调科技工作包括创新科学技术和普及科学技术这两个相辅相成的重要方面，科技成果只有为全社会所掌握、所应用，才能发挥出推动社会发展进步的最大力量和最大效用。我们一直呼吁广大科技工作者大力普及科学技术知识，积极为提高全民科学素质作出贡献。现在，我们欣喜地看到，广大科技工作者正积极投身到环保科普创作工作中来，以严谨的精神和积极的态度开展科普创作，打造精品环保科普系列图书。衷心希望我国的环保科普创作不断取得更大成绩。

丛书编委会

二〇一二年七月

　　危险废物种类繁多、特性复杂，我国现行的《国家危险废物名录》就收录了46大类近500种危险废物。危险废物中的有害物质向环境中的扩散速率相对比较缓慢，要消除它的危害所造成的损害是持续不断的，不会因为危险废物的停止排放而立即消除。需要经过数年甚至数十年，而且需要通过对受污染的环境介质进行检测分析，甚至人畜健康的影响研究才能确定。治理难度和成本代价较大。由此可见，我们必须从源头最大限度地减少危险废物的产生与危害成分，并加强危险废物的全过程管理。

　　危险废物的来源非常广泛，几乎涉及国民经济的所有行业，而人们日常生活消费活动也会产生危险废物，如废药品及其包装物、废杀虫剂和消毒剂及其包装物、废油漆和溶剂及其包装物、废矿物油及其包装物、废胶片及废像纸、废荧光灯管、废温度计、废血压计、废镍镉电池和氧化汞电池及电子类危险废物等。因此，除了企业须在生产的过程中采取改进设计、使用清洁的能源和原料、采用先进的工艺技术与设备等措施外，我们在日常生活中首先也需尽到自己的责任和义务，如做到合理用药，必要时使用小包装药品，减少家庭医药贮存量；在外出游玩时，尽可能使用手机或数码相机进行拍照留念，减少使用胶片相机；在日常用品选择上，不使用含汞荧光灯管、含汞血压计、含汞温度计等，降低含汞危

V

险废物的产生和危害。

为了更好地参与危险废物管理，我们还需掌握危险废物的基本知识，了解国家的相关政策法规。本书力求通俗易懂地向大家介绍危险废物的概念、危害、来源、转移、资源化、处置、管理等内容。

本书的主要执笔人员如下：第一部分，靳晓勤、孙绍锋、张西华；第二部分，蒋文博、郑洋、张华；第三部分，郭瑞、陈阳、于红英；第四部分，郑洋、李淑媛、李玉爽；第五部分，何艺、邓毅；第六部分，许涓、王兆龙；第七部分，金晶、周强；第八部分，张喆、宋鑫。

在本书的编写过程中，中国环境科学学会固体废物分会、环境保护部固体废物与化学品管理技术中心委派专家参与了本书的编写工作，在此一并感谢！

由于水平有限，加之时间仓促，书中难免有疏漏、不妥之处，敬请广大读者批评指正！

编　者

二〇一六年七月

第一部分　基础知识　1　目录

VII

第二部分　危险废物的污染及危害　17

第三部分　危险废物的来源　29

第四部分 危险废物的转移与贮存 **49**

第五部分 危险废物的资源化利用 **65**

第六部分　危险废物的处置　**77**

第七部分　危险废物的环境管理 89

第八部分　公众参与　　119

WEIXIAN FEIWU WURAN FANGZHI

ZHISHI WENDA

危险废物污染防治知识问答

第一部分
基础知识

1. 什么是危险废物?

危险废物是指列入《国家危险废物名录》或者根据国家规定的危险废物鉴别标准和鉴别方法认定的具有危险特性的废物。对危险废物的含义应当把握以下几点:

（1）危险废物是用名录来控制的,凡列入《国家危险废物名录》的废物种类都是危险废物,要采用特殊的防治措施和管理办法。

（2）某些废物虽没有列入《国家危险废物名录》,但是根据国家规定的危险废物鉴别标准和鉴别方法,废物中某有害、有毒成分含量超过标准限值则认定为危险废物。

（3）危险废物不是一般的从公共安全角度说的危险物品,即它不是易燃、易爆、有毒的应由公安机关管理的危险物品,但它又不能排除具有有毒、有害的成分。

（4）危险废物的形态不限于固态，也有液态的，如废酸、废碱、废油等。

2. 《国家危险废物名录》包含哪些废物种类?

现行的《国家危险废物名录》（2016 版）共包括 46 大类 479 种危险废物。其中：HW01—HW18 以及 HW48、HW49、HW50 是按危险废物产生来源进行分类的；HW19—HW40 以及 HW45、HW46、HW47 是按危险废物含有的成分进行分类的。

共包括46大类479种危险废物。

46 大类危险废物分别为：医疗废物、医药废物、废药物（药品）、农药废物、木材防腐剂废物、废有机溶剂与含有机溶剂废物、热处理含氰废物、废矿物油与含矿物油废物、油 / 水（烃 / 水）混合物或乳化液、多氯（溴）联苯类废物、精（蒸）馏残渣、染料（涂料）废物、有机树脂类废物、新化学物质废物、爆炸性废物、感光材料废物、表面处理废物、焚烧处置残渣、含金属羰基化合物废物、含铍废物、含铬废物、含铜废物、含锌废物、含砷废物、含硒废物、含镉废物、含锑废物、含碲废物、含汞废物、含铊废物、含铅废物、无机氟化物废物、无机氰化物废物、废酸、废碱、石棉废物、有机磷化合物废物、有机氰化物废物、含酚废物、含醚废物、含有机卤化物废物、含镍废物、含钡废物、有色金属冶炼废物、其他废物、废催化剂。

3. 危险废物有哪些特性?

危险废物的特性包括腐蚀性（Corrosivity, C）、毒性（Toxicity, T）、易燃性（Ignitability, I）、反应性（Reactivity, R）和感染性（Infectivity, In）。

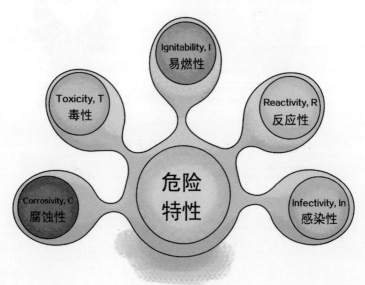

4. 什么是危险废物的腐蚀性？

腐蚀性是指易于腐蚀或溶解金属等物质，且具有酸或碱性的性质。

根据《危险废物鉴别标准 腐蚀性鉴别》（GB 5085.1—2007）规定，符合下列条件之一的固体废物，属于腐蚀性危险废物：

（1）按照《固体废物 腐蚀性测定 玻璃电极法》（GB/T 15555.12—1995）的规定制备的浸出液，pH ≥ 12.5，或者 pH ≤ 2.0。

（2）在 55℃条件下，对《优质碳素结构钢》（GB/T 699—2015）中规定的 20 号钢材的腐蚀速率 ≥ 6.35 mm/a。

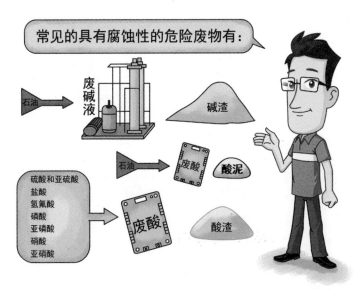

常见的具有腐蚀性的危险废物有：①石油炼制过程产生的废碱液及碱渣（废物代码：251-015-35）；②石油炼制过程产生的废酸及酸泥（废物代码：251-014-34）；③硫酸和亚硫酸、盐酸、氢氟酸、磷酸和亚磷酸、硝酸和亚硝酸等的生产、配制过程中产生的废酸及酸渣（废物代码：261-057-34），等等。

5. 什么是危险废物的毒性?

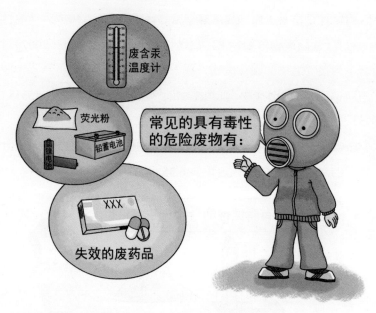

常见的具有毒性的危险废物有:

废含汞温度计

荧光粉

铅蓄电池

失效的废药品

危险废物的毒性分为急性毒性和浸出毒性。

急性毒性是指机体(人或实验动物)一次(或 24 h 内多次)接触外来化合物之后所引起的中毒甚至死亡的效应。

根据《危险废物鉴别标准 急性毒性初筛》(GB 5085.2—2007)的规定,符合下列条件之一的固体废物,属于危险废物:

(1)经口摄取:固体 $LD_{50} \leqslant 200$ mg/kg,液体 $LD_{50} \leqslant 500$ mg/kg。

(2)经皮肤接触:$LD_{50} \leqslant 1\ 000$ mg/kg。

(3)蒸气、烟雾或粉尘吸入:$LC_{50} \leqslant 10$ mg/L。

浸出毒性是指固态的危险废物遇水浸沥,其中有害的物质迁移转化,污染环境,浸出的有害物质的毒性称为浸出毒性。根据《危险废物鉴别标准 浸出毒性鉴别》(GB 5085.3—2007)的规定,按照《固

体废物　浸出毒性浸出方法　硫酸硝酸法》（HJ/T 299—2007）制备的固体废物浸出液中任何一种危害成分含量超过浸出毒性鉴别标准限值，则判定该固体废物是具有浸出毒性特征的危险废物。

常见的具有毒性的危险废物有：①使用切削油和切削液进行机械加工过程中产生的油 / 水、烃 / 水混合物或乳化液（废物代码：900-006-09）；②废弃的铅蓄电池、镉镍电池、氧化汞电池、汞开关、荧光粉和阴极射线管（废物代码：900-044-49）；③废电路板（包括废电路板上附带的元器件、芯片、插件、贴脚等）（废物代码：900-045-49）等。

6. 什么是危险废物的易燃性？

易燃性是指易于着火和维持燃烧的性质。但是，像木材和纸等废物不属于易燃性危险废物。《危险废物鉴别标准　易燃性鉴别》（GB 5085.4—2007）将下列固体废物定义为易燃性危险废物：

（1）液态易燃性危险废物：闪点温度低于 60 ℃（闭杯试验）的液体、液体混合物或含有固体物质的液体。

（2）固态易燃性危险废物：在标准温度和压力（25℃、101.3 kPa）状态下，因摩擦或自发性燃烧而起火，经点燃后能剧烈而持续地燃烧并产生危害的固态废物。

（3）气态易燃性危险废物：在 20℃、101.3 kPa 状态下，在与空气的混合物中体积分数 ≤ 13% 时可点燃的气体，或者在该状态下，不论易燃下限如何，与空气混合，易燃范围的易燃上限与易燃下限之差大于或等于 12 个百分点的气体。

常见的具有易燃性的危险废物有：①石油开采和炼制产生的油

泥和油脚（废物代码：071-001-08）；②石油炼制过程中产生的溢出废油或乳剂（废物代码：251-005-08）；③金属、塑料的定型和物理机械表面处理过程中产生的废石蜡和润滑油（废物代码：900-209-08），等等。

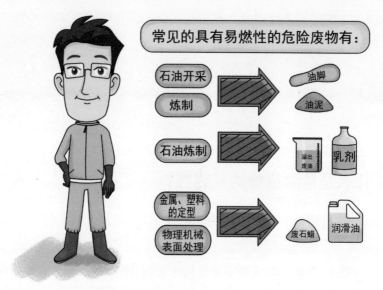

7. 什么是危险废物的反应性？

反应性是指易于发生爆炸或剧烈反应，或反应时会挥发有毒气体或烟雾的性质。根据《危险废物鉴别标准 反应性鉴别》（GB 5085.5—2007）规定，符合下列任何条件之一的固体废物，属于反应性危险废物：

（1）具有爆炸性质。①常温常压下不稳定，在无引爆条件下，易发生剧烈变化。②25℃、101.3 kPa 下，易发生爆轰或爆炸性分解反应。③受强起爆剂作用或在封闭条件下加热，能发生爆轰或爆炸反应。

（2）与水或酸接触产生易燃气体或有毒气体。①与水混合发生剧烈化学反应，并放出大量易燃气体和热量。②与水混合能产生足以危害人体健康或环境的有毒气体或烟雾。③在酸性条件下，每千克含氰化物废物分解产生 ≥ 250 mg 氰化氢气体，或者每千克含硫化物废物分解产生 ≥ 500 mg 硫化氢气体。

（3）废弃氧化剂或有机过氧化物。①极易引起燃烧或爆炸的废弃氧化剂。②对热、震动或摩擦极为敏感的含过氧基的废弃有机过氧化物。

常见的具有反应性的危险废物有：①炸药生产和加工过程中产生的废水处理污泥（废物代码：267-001-15）；②含爆炸品废水处理过程中产生的废炭（废物代码：267-002-15）；③三硝基甲苯（TNT）生产过程中产生的粉红水、红水，以及废水处理污泥（废物代码：267-004-15），等等。

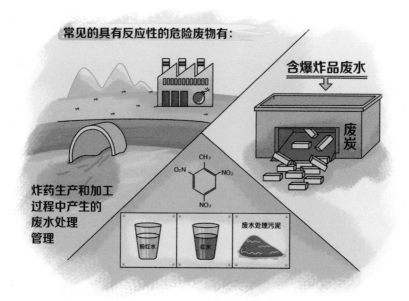

8. 什么是危险废物的感染性?

感染性,是指细菌、病毒、真菌、寄生虫等病原体,侵入人体引起的局部组织和全身性不良反应。

常见的具有感染性的危险废物有:①感染性废物(废物代码:831-001-01);②损伤性废物(废物代码:831-002-01);③为防止动物传染病而需要收集和处置的废物(废物代码:900-001-01)等。

9. 危险废物特性的识别标志有哪些?

危险废物识别标志就是用文字、图像、色彩等综合形式,表明危险废物的危险特性。盛装危险废物的容器和包装物,以及产生、收集、贮存、运输、处置危险废物的设施、场所,必须设置危险废物识别标志。

10. 危险废物与一般工业固体废物有什么区别?

一般工业固体废物，是指从工业生产、交通运输、邮电通信等行业的生产活动中产生的没有危险特性的固体废物。如矿山企业产生的尾矿矸石、废石等矿业固体废物，交通运输制造业产生的废旧轮胎、橡胶，印刷企业产生的废纸，服装加工业产生的边角废料等。

危险废物是指具有危险特性的固体废物，如化工行业的废酸、废碱，机动车维修产生的废矿物油等。

11. 危险废物与危险化学品、放射性废物有哪些区别?

危险废物是指具有危险特性的固体废物。危险化学品是指具有毒害、腐蚀、爆炸、燃烧、助燃等性质，对人体、设施、环境具有危害的剧毒化学品和其他化学品。

危险化学品虽然也有危险特性，但是作为商品时不属于危险废物，如工厂的生产原料、实验室的化学试剂等。废弃的危险化学品属于危险废物。

　　废弃的放射性物质不归类为危险废物，应按照《中华人民共和国放射性污染防治法》进行管理。

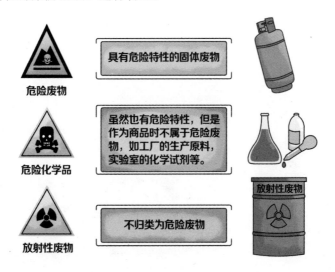

12. 如何区别危险废物与副产品？

　　副产品是指在生产主要产品过程中附带生产出的非主要产品，不属于固体废物。而危险废物是指列入国家危险废物名录或者根据国家规定的危险废物鉴别标准和鉴别方法认定的具有危险特性的固体废物。判断某类物质是否为副产品，首先应依据《中华人民共和国固体废物污染环境防治法》《固体废物鉴别导则》（试行）（国家环保总局、国家发展改革委、商务部、海关总署、质检总局公告 2006 年第 11 号），鉴别该类物质是否属于固体废物。若鉴别结果显示，该类物质不属于固体废物，则企业可对该类物质自行制定企业产品标准，经质检部门备案后作为副产品管理。若鉴别结果显示该类产品属于固体废物，应依据《国家危险废物名录》和《危险废物鉴别标准》（GB 5085.1 ～ GB 5085.7—2007）做进一步鉴别。凡列入《国家危险废物名录》或经鉴别认定具有危险特性的，则属于危险废物，必须按照危险废物有关法律法规要求进行监管。

13. 什么是危险废物的减量化？

危险废物的减量化指通过采用合适的管理和技术手段减少危险废物的产生量和危害性。如通过实施清洁生产，合理选择和利用原材料、能源和其他资源，采用先进的生产工艺和设备，从源头上减少危险废物的产生量和危害成分。例如，在电石法聚氯乙烯行业使用耗汞量低、使用寿命长的低汞触媒以及高效汞回收生产工艺；在电子元件制造行业推广使用无铅焊料、废蚀刻液在线循环利用等清洁生产技术。

14. 什么是危险废物的资源化？

　　危险废物的资源化是指采取工艺技术从危险废物中回收有用的物质与能量，同时减少危险废物对环境污染的过程。危险废物实行资源化利用，既能减少原材料的消耗而降低成本，又能降低危险废物的排出量，减少对环境的危害，有明显的环境效益、经济效益和社会效益。危险废物的资源化通过回收、加工、循环利用、交换等方式，使之转化为可利用的二次原料和再生材料。例如，用铬渣代替石灰石作炼铁熔剂；采用火法冶金提取电子废物中金、银等贵金属。

15. 什么是危险废物的无害化？

　　危险废物的无害化是指对已产生但无法或暂时尚不能综合利用的危险废物，经过物理、化学或生物方法，进行对环境无害的安全处理、处置，达到废物的消毒、解毒或稳定化，以防止并减少危险废物的污染危害。通常所采用的危险废物无害化方式包括焚烧和填埋。

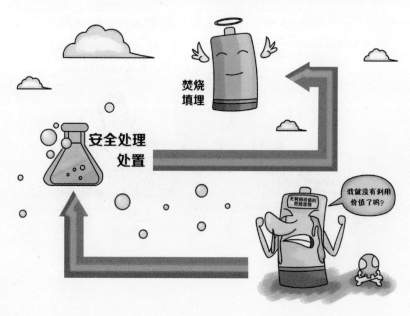

危险废物污染防治 知识问答

WEIXIAN FEIWU WURAN FANGZHI

ZHISHI WENDA

第二部分
危险废物的污染及危害

16. 危险废物对环境的污染有什么特征？

根据危险废物具有腐蚀性、毒性、易燃性、反应性及感染性等特点，危险废物环境污染的特征主要有：

（1）严重性和复杂性。由于满足上述特点之一的固体废物即为危险废物，而且危险废物产生源涵盖生产生活的各个方面、各个领域，导致危险废物种类繁多，性质各异，部分危险废物中可能含有致畸、致癌、致突变的物质成分，暴露在环境中会产生严重的后果，同时危险废物在污染环境的过程可能会经过转化、代谢、富集等各种方式而变得非常复杂。

（2）滞后性和隐蔽性。危险废物中的有害物质向环境中的扩散速率相对比较缓慢，所造成的损害是持续不断的，不会因为危险废物的停止排放而立即消除。要消除这种危害需要经过数年甚至数十年，而且需要通过对受污染的环境介质进行检测分析，甚至人畜健康的影响研究才能确定。

（3）治理艰巨性和长期性。对受到危险废物污染的环境介质和生态系统的恢复不仅难度大而且需要高昂的治理费用，或者现有技术无法有效治理，改善修复需要花费较长的时间，有的甚至无法恢复。

17. 危险废物在自然界中能够降解吗？

重金属超标

自然界的降解途径一般分为光降解、生物降解、热降解以及化学降解等，但危险废物是含有有机、无机等成分的化学混合物质，成分复杂多变，特别是其中所含的无机成分，一般不能被自然环境消纳而完全降解，例如含有毒重金属的危险废物。

18. 危险废物对生态环境会产生怎样的危害？

危险废物对生态环境的危害是多方面，主要通过以下途径对水体、大气和土壤造成污染。

（1）对水体的污染。危险废物随天然降水径流流入江、河、湖、海，污染地表水；危险废物中的有害物质随渗滤液渗入土壤，污染地下水；若将危险废物直接排入江、河、湖、海，会造成更为严重的污染，且多为不可逆的。

（2）对大气的污染。危险废物本身蒸发、升华及有机废物被微生物分解而释放出的有害气体会直接污染大气；危险废物中的细颗粒、粉末随风飘逸，扩散到空气中，会造成大气粉尘污染；在危险废物运输、贮存、利用及处置过程中，产生的有害气体、粉尘也会直接或间接排放到大气中污染环境。

（3）对土壤的污染。危险废物的粉尘、颗粒随风飘落在土壤表面，而后进入土壤中污染土壤；液体、半固态危险废物在贮存过程中或抛弃后洒漏至地面、渗入土壤，有害成分混入土壤中会继续迁移从而导致地下水污染或通过生物富集作用而进入食物链等。

19. 危险废物主要通过哪些途径进入地下水和地表水？

（1）直接排入江、河、湖、海等地表水系。

（2）露天堆放的危险废物被地表径流携带流入地表水。

（3）飘入空中的细小颗粒，通入干、湿沉降落入地表水。

（4）露天堆放和填埋的危险废物，其可溶性有害成分在降水的淋溶、渗透作用下经土壤渗入地下水。

（1）直接排入江、河、湖、海等地表水系。

（2）露天堆放的危险废物被地表径流携带流入地表水。

（3）飘入空中的细小颗粒，通入干、湿沉降落入地表水。

（4）露天堆放和填埋的危险废物，其可溶性有害成分在降水的淋溶、渗透作用下经土壤渗入地下水。

20. 危险废物主要通过哪些途径进入大气？

危险废物主要通过哪些途径进入大气？

（1）危险废物贮存时含有的粉尘等细小颗粒物质随风飞扬进入大气环境。

（2）危险废物运输及处理过程中产生的有害气体直接进入大气环境。

（3）填埋的危险废物发生化学反应，挥发作用释放出的有害气体进入大气环境。

（1）危险废物贮存时含有的粉尘等细小颗粒物质随风飞扬进入大气环境。

（2）危险废物运输及处理过程中产生的有害气体直接进入大气环境。

（3）填埋的危险废物发生化学反应，挥发作用释放出的有害气体进入大气环境。

21. 危险废物怎样进入土壤？

危险废物中的有害成分在地表径流和雨水的淋溶、渗透作用下，通过土壤孔隙向四周和纵深的土壤迁移。在这种迁移过程中，有害成分受到土壤的吸附，在固相中呈现不同程度的积累，渗滤水则发生迁移，从而导致土壤成分和土壤结构的变化，引起植物污染。

22. 危险废物可能通过哪些途径危害人体？

环境中的危险废物主要以大气、土壤、水为媒介，通过摄入、吸入、皮肤吸收而进入人体，对人体健康造成危害，包括"三致"作用（致癌、致畸、致突变）。

危险废物通过摄入、吸入、皮肤吸收而进入人体。

23. 危险废物对人体健康会产生怎样的危害？

危险废物对人体健康产生的危害主要从生物毒性、生物蓄积性和遗传变异性来表现。

（1）生物毒性。

危险废物除了能直接作用于人和动物引起机体损伤表现出急性毒性外，还会溶解释放出影响生物体的有害成分，产生慢性毒性。

（2）生物蓄积性。

有些危险废物被人和动物体吸收时，会在生物体内富集，在食物链体系中逐级放大，对人体产生更大的危害。

（3）遗传变异性。

有些毒性危险废物会引起脱氧核糖核酸或核糖核酸分子发生变化，产生致癌、致畸、致突变的严重影响。具有"三致"作用的有害物质种类较多，常见的有多环芳烃类、亚硝胺类、金属有机化合物、甲基汞、部分农药等。

24. 何谓美国拉夫运河废物污染事件？

拉夫运河位于美国纽约，是 19 世纪为修建水电站挖成的一条运河，20 世纪 40 年代因干涸被废弃。1942 年，美国胡克化学塑料公司购买了这条大约 1 000 m 长的废弃运河，并在随后的 11 年中（1942—1953 年）在运河中处置了大约 2.2 万 t 混合化学废物。1953 年胡克公司将堆满各种有毒有害废物的运河覆盖上表土后转赠给了当地的教育机构。此后，纽约市政府在这片土地上开发了房地产，盖起了大量的住宅和一所学校。1955—1960 年，运河周围住满了居民。1975年和 1976 年罕见的大雨和降雪使填埋场周围地下水位线上升、池塘和其他地表水区受到污染，地下水渗漏、毒性物质进入该地区。从1977 年开始，这里的居民不断发生各种怪病，孕妇流产、儿童夭折、婴儿畸形、癫痫、直肠出血等病症频频发生。

直到 1980 年 12 月，美国国会通过了《综合环境应对、补偿和责任法》（又称《超级基金法》），这一事件才被盖棺定论。以前的电化学公司和纽约政府被认定为加害方，共赔偿受害居民经济损失和

健康损失费达 30 亿美元。此外，拉夫运河经过 21 年的清理，直到 1999 年才完成所有的修复工作。

25. 何谓科特迪瓦污染事件？

2006 年 8 月，荷兰托克公司租用货轮通过一家代理公司在科特迪瓦首都阿比让等十多处地点倾倒了数百吨工业危险废物。该工业危险废物的废液中含有硫化氢，造成至少 10 人死亡、因不良反应而就医的超过 3 万人次。随后根据科特迪瓦与法国政府达成的协议，大部分工业危险废物运抵法国，并由专门公司负责对其进行无害化处理。2007 年科特迪瓦政府与托克公司签署谅解备忘录，托克公司承诺向科方提供 1 000 亿西非法郎（约合 1.98 亿美元），作为污染事件的赔偿。其中 730 亿西非法郎即用于向科特迪瓦国家及受害者个人提供赔偿，其余部分用于清理毒垃圾排放点并兴建垃圾处理中心。

科特迪瓦污染事件

26. 何谓云南省曲靖市陆良化工公司违法转移倾倒铬渣事件？

2011年6月12日，云南曲靖市麒麟区部分群众反映放养的山羊中毒死亡，且在多个村镇发现来源不明的工业废渣。经云南省环境保护厅和曲靖市政府调查，该事件为曲靖市陆良化工实业有限公司（以下简称"陆良化工"）违法转移、驾驶员非法倾倒铬渣造成的环境污染事件。2011年4月28日—6月12日，陆良化工违法转移铬渣5 000余t，绝大部分铬渣倾倒在曲靖市麒麟区黄泥堡村、和平村和三宝镇张家营村山坳中，形成140余处铬渣堆放点，造成了严重的土壤污染，致使陆某家饲养的51只山羊、1匹马饮用被污染的水源后死亡。

第三部分
危险废物的来源

27. 危险废物的来源有哪些？

　　危险废物广泛来源于工业生产、人们日常生活消费活动以及各种环境污染治理过程。如化学工业生产过程中会产生大量的废催化剂，制药过程中会产生抗生素药渣；人们在日常消费活动中也会产生如废弃的铅蓄电池、废荧光灯管等危险废物；环境污染治理如生活垃圾焚烧过程中会产生大量的飞灰，飞灰含有重金属和二噁英等多种剧毒物质。

28. 危险废物的主要行业来源有哪些？

　　根据《中国环境统计年鉴》，2014 年全国危险废物产生量达到了 3 633 万 t。从行业分布来看，危险废物几乎来自国民经济的所有行业，其中化学原料及化学制品制造业、有色金属冶炼及压延加工业、非金属矿采选业、造纸及纸制品业 4 个行业所产生的危险废物占到了危险废物总产生量的 60% 以上。

这些行业所产生的危险废物占到危险废物总产生量的60%以上。

化学原料及化学制品制造业

有色金属冶炼及压延加工业

非金属矿采选业

造纸及纸制品业

29. 如何通过源头控制减少危险废物的产生量和危害性？

企业在生产的过程中采取改进设计、使用清洁的能源和原料、采用先进的工艺技术与设备，改善管理、综合利用等措施，从源头最大限度地减少危险废物的产生量与危害性。

30. 家庭生活中会产生哪些危险废物？

废药品　　废杀虫剂　　废消毒剂　　废油漆　　溶剂

废镍镉电池　废氧化汞电池　　废荧光灯管

废温度计　　废矿物油

家庭生活中产生的危险废物有：

家庭生活中产生的废药品及其包装物、废杀虫剂和消毒剂及其包装物、废油漆和溶剂及其包装物、废矿物油及其包装物、废胶片及废像纸、废荧光灯管、废温度计、废血压计、废镍镉电池和氧化汞电池及电子类危险废物等，属于家庭生活中产生的危险废物。

31. 医院会产生哪些危险废物？

医疗卫生机构产生的医疗废物属于危险废物。医疗废物分为五大类：感染性废物、病理性废物、损伤性废物、药物性废物和化学性废物。

感染性废物：携带病原微生物具有引发感染性疾病传播危险的医疗废物。

病理性废物：诊疗过程中产生的人体废弃物和医学实验动物尸体等。

损伤性废物：能够刺伤或者割伤人体的废弃的医用锐器。

药物性废物：过期、淘汰、变质或者被污染的废弃药品。

化学性废物：具有毒性、腐蚀性、易燃易爆性的废弃化学物品。

32. 医院产生的废物都是医疗废物吗？

医院产生的废物不都是医疗废物。例如，使用后的各种玻璃或一次性塑料输液瓶（袋），未被病人血液、体液、排泄物污染的医疗用品，均不属于医疗废物，不必按照医疗废物进行管理。但这类废物回收利用时不能用于原用途，当用于其他用途时，应符合不危害人体健康的原则。医院产生的生活垃圾一般也不作为医疗废物管理。

33. 危险废物的废弃包装物属于危险废物吗？

含有或沾染毒性、感染性危险废物的废弃包装物、容器、过滤吸附介质属于危险废物（废物代码：900-041-49）。在收集、贮存、运输、处置危险废物过程中所使用的装载、盛放、堆置、输送、容纳或包装过危险废物的设备和容器，因直接与危险废物接触，受到了危险废物的污染。《固体废物污染环境防治法》第六十一条规定，上述危险废物的包装物在转作他用之时，必须经过消除污染的安全性处理，方可使用。

34. 废油漆桶属于危险废物吗？

废油漆桶属于危险废物。工业企业产生的废油漆桶必须按照危险废物进行管理。家庭日常生活中产生的废油漆桶可以不按照危险废物进行管理，但从生活垃圾中分类收集后，其运输、贮存、利用或者处置，应按照危险废物进行管理。

35. 废机油和废润滑油属于危险废物吗？

　　废机油和废润滑油属于危险废物。工业企业产生的废机油和废润滑油必须按照危险废物进行管理。家庭日常生活中产生的废机油和废润滑油可以不按照危险废物进行管理，但从生活垃圾中分类收集后，其运输、贮存、利用或者处置，应按照危险废物进行管理。

36. 废荧光灯管属于危险废物吗？

　　废荧光灯管属于危险废物。工业企业产生的废荧光灯管必须按照危险废物进行管理。家庭日常生活中产生的废荧光灯管可以不按照危险废物进行管理，但从生活垃圾中分类收集后，其运输、贮存、利用或者处置，应按照危险废物进行管理。

37. 家庭产生的废电池属于危险废物吗？

家庭产生的废电池并不都属于危险废物。例如，普遍使用的锌锰电池和碱性锌锰电池（一次性干电池）不属于危险废物；但是，废镉镍电池和氧化汞电池属于危险废物。家庭日常生活中产生的废镉镍电池和氧化汞电池可以不按照危险废物进行管理，当从生活垃圾中分类收集后，其运输、贮存、利用或者处置，应按照危险废物进行管理。

38. 废弃的铅蓄电池属于危险废物吗？

废弃的铅蓄电池属于危险废物。铅蓄电池广泛应用于交通运输、通信、电力等国民经济重要领域。近年来，随着我国机动车保有量的加大，车用铅蓄电池使用量也急剧增加，仅此一项用途，铅蓄电池就有庞大的消费量。铅蓄电池中含有铅等重金属和高浓度硫酸溶液，报废后如不进行有效回收和科学处理，势必对生态环境造成威胁。《国家危险废物名录》规定，废弃的铅蓄电池、镉镍电池、氧化汞电池、汞开关、荧光粉和阴极射线管等部件为危险废物，因此废弃的铅蓄电池属于危险废物，其废物代码为 900-044-49。

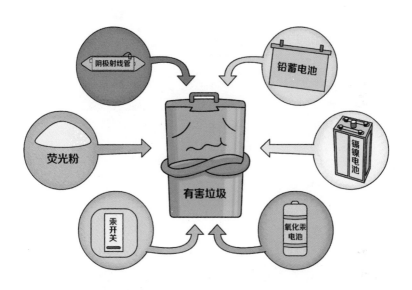

39. 过期药品属于危险废物吗？

过期药品属于危险废物。制药企业、医疗机构等产生的过期药品必须按照危险废物进行管理。家庭日常生活中产生的过期药品可以不按照危险废物进行管理，但从生活垃圾中分类收集后，其运输、贮存、利用或者处置，应按照危险废物进行管理。

40. 废农药属于危险废物吗？

废农药属于危险废物。农药品种繁多，有无机农药、有机合成农药、植物性农药和生物农药，根据用途可分为杀虫剂和杀菌剂。杀虫剂包括有机磷、有机氯、有机氮、氨基甲酸酯、菊酯类杀虫剂等；杀菌剂包括无机硫、有机硫、无机铜、有机杂环类、取代苯类以及农抗类等。农药具有毒性等危险特性，含有重金属或有机物等多种有毒有害物质。《国家危险废物名录》规定：销售及使用过程中产生的失效、变质、不合格、淘汰、伪劣的农药产品为危险废物，因此废农药属于危险废物，其代码为 900-003-04。

41. 电子废物属于危险废物吗？

并非所有的电子废物都属于危险废物，只有列入《国家危险废物名录》或者根据国家规定的危险废物鉴别标准和鉴别方法认定的具有危险特性的电子废物才属于危险废物。如废弃的铅蓄电池、镉镍电池、汞开关、阴极射线管和多氯联苯电容器等属于危险废物。

42. 报废汽车属于危险废物吗？

危险废物

报废汽车不属于危险废物，但报废机动车拆解产生的废液化气罐、废安全气囊、废弃的铅蓄电池、含多氯联苯的废电容器、废汽车尾气净化催化剂、废油液（包括汽油、柴油、机油、润滑剂、液压油、制动液、防冻剂等）、废空调制冷剂等属于危险废物，应按照危险废物的有关规定进行管理和处置。

43. 粉煤灰属于危险废物吗？

粉煤灰不属于
危险废物。

粉煤灰

　　粉煤灰是从煤燃烧后的烟气中收捕下来的细灰，粉煤灰是燃煤
电厂排出的主要固体废物。粉煤灰不属于危险废物。根据对粉煤灰相
关成分的检测结果，所有检测项目均在《危险废物鉴别标准　浸出毒
性鉴别》（GB 5085.3—2007）和《危险废物鉴别标准　腐蚀性鉴别》
（GB 5085.1—2007）的限值内，其中汞、铬、铜、锌、铅、镉、砷、
氰化物等有毒有害物质均未检出或者浸出液中浓度极低。

44. 脱硫石膏属于危险废物吗？

　　脱硫石膏不属于危险废物。脱硫石膏又称排烟脱硫石膏、硫石膏或
FGD 石膏，其主要成分为二水硫酸钙（$CaSO_4 \cdot 2H_2O$），含量 ≥ 93%，
与天然石膏类似。脱硫石膏中的砷、铜、锌、铅、镉、汞等物质含量

均在《危险废物鉴别标准 浸出毒性鉴别》（GB 5085.3—2007）和《危险废物鉴别标准 腐蚀性鉴别》（GB 5085.1—2007）的限值内，因此脱硫石膏不属于危险废物。

45. 磷石膏属于危险废物吗？

磷石膏不属于危险废物。磷石膏是指在磷酸生产中用硫酸处理磷矿时产生的固体废渣，其主要成分为$CaSO_4 \cdot 2H_2O$。磷石膏中的砷、铜、锌、铁、锰、铅、镉、汞等物质含量均在《危险废物鉴别标准 浸出毒性鉴别》（GB 5085.3—2007）和《危险废物鉴别标准 腐蚀性鉴别》（GB 5085.1—2007）的限值内，因此磷石膏不属于危险废物。

46. 工业危险废物焚烧产生的底渣和飞灰属于危险废物吗？

焚烧法是高温分解和深度氧化的综合过程，通过焚烧可以使可燃性的危险废物氧化分解，达到减少容积、去除毒性、回收能量及副产品的目的。危险废物焚烧势必会产生底渣和飞灰。《国家危险废物名录》明确规定危险废物焚烧、热解等处置过程中产生的底渣和飞灰为危险废物，其废物代码为772-003-18。

47. 医疗废物焚烧产生的底渣和飞灰属于危险废物吗？

　　医疗废物是指医院、卫生防疫单位、病员疗养院、医学研究单位等产生的感染性废物，包括医院在临床以及研究活动中产生的临床废物和过期的药物性、化学性废物。医疗废物焚烧势必会产生底渣和飞灰，在《国家危险废物名录》中明确规定危险废物焚烧、热解等处置过程中产生的飞灰为危险废物，因此医疗废物焚烧产生的飞灰属于危险废物，其废物代码为772-003-18；而底渣是否属于危险废物需要鉴别确定。

48.生活垃圾焚烧产生的底渣和飞灰属于危险废物吗？

　　《国家危险废物名录》明确规定生活垃圾焚烧产生的飞灰为危险废物，其废物代码为772-002-18，底渣则不属于危险废物。

49. 放射性废物属于危险废物吗？

　　放射性废物是指含有放射性核素或者被放射性核素污染、其放射性核素浓度或者比活度大于国家确定的清洁解控水平、预期不再使用的废弃物。放射性废物虽然具有危害特性，但是不在危险废物管理范围之内，应按照《中华人民共和国放射性污染防治法》进行管理。

第四部分
危险废物的转移和贮存

50. 什么是危险废物的申报登记？

　　产生危险废物的单位需要向所在地县级以上地方人民政府环境保护行政主管部门如实申报危险废物的种类、产生量、流向、贮存、处置等有关资料。申报事项有重大改变时，应及时申报。

　　申报登记的范围不仅包括工业生产活动中产生的危险废物，还包括在其他的非工业生产活动中产生的危险废物，如在科研、教学、医疗等活动中所产生的危险废物。在人们日常生活活动中产生的数量较少或危害极小的危险废物，不属于《固体废物污染环境防治法》中规定的申报登记的范围。

51. 为什么危险废物产生单位需要申报登记危险废物的产生情况？

产生危险废物的单位申报登记危险废物产生情况是我国法律的要求。《固体废物污染环境防治法》第 53 条规定，产生危险废物的单位，必须按照国家有关规定制订危险废物管理计划，并向所在地县级以上地方人民政府环境保护行政主管部门申报危险废物的种类、产生量、流向、贮存、处置等有关材料。

产生危险废物的单位申报危险废物产生情况，有利于环境保护行政主管部门及时准确地掌握各行业危险废物管理现状，摸清危险废物底数，建立危险废物数据库和现代化管理信息系统，为环境管理提供科学依据。

52. 为什么要对危险废物实行分类收集？

　　危险废物的收集通常采用分类收集。所谓分类收集是指在鉴别试验的基础上，根据废物的特点、数量、处理和处置的要求分别收集。从处理与处置的角度看，对危险废物的分类收集是非常必要的。不清楚危险废物的特征、成分而将其混合在一起，除了增加危险废物处理处置的数量外，危险废物的混合还会引起爆炸、释放有毒气体等反应，这些潜在的副反应不但会造成环境污染，还会使危险废物的处理与处置变得更加困难。因此，分类收集有利于危险废物的处理、处置以及资源化利用，同时减少对环境的潜在危害。

53. 危险废物能够转移给哪些单位？

　　我们通常所说的危险废物的转移是指产生单位将危险废物交由有资质的经营单位处理的过程。《危险废物经营许可证管理办法》规定，在我国境内从事危险废物收集、贮存、处置经营活动的单位必须持有危险废物经营许可证。也就是说，危险废物的产生单位只能将其危险废物交由持有危险废物经营许可证的单位收集或处理。

　　《危险废物经营许可证管理办法》规定，我国危险废物经营许可证分为危险废物收集、贮存、处置综合经营许可证和危险废物收集经营许可证两类。其中，持有危险废物收集经营许可证的单位只能从事机动车维修活动中产生的废矿物油和居民日常生活中产生的废镉镍电池的危险废物收集活动。

我国危险废物经营许可证分为危险废物收集、贮存、处置综合经营许可证和危险废物收集经营许可证两类。

危险废物经营许可证

危险废物经营方式：收集 贮存 处置

危险废物经营许可证

危险废物经营方式：收集

54. 危险废物转移联单应该怎样填写？

危险废物产生单位在转移危险废物前，需按照国家有关规定报批危险废物转移计划，经批准后，产生单位应当向移出地环境保护行政主管部门申请领取联单。

联单一共分为五联。

第一联产生单位填写完后，加盖公章，交由运输单位签字核实，随转移的危险废物交由接收单位，最终接收单位核实验收后，填写相应的栏目，并加盖公章后，返还产生单位存档。

第一联副联产生单位填写完后，加盖公章，交由运输单位签字核实后，自留存档。

第二联在产生单位填写完加盖公章、运输单位签字核实后，交由当地环境保护行政主管部门存档。

　　第二联副联操作如同第一联，由产生单位交由移出地环保部门存档。

　　第三联操作如同第一联，由运输单位存档。

　　第四联操作如同第一联，由接收单位存档。

　　第五联操作如同第一联，由接收地环保部门存档。

55. 危险废物的运输有什么要求？

运输危险废物过程中，应采取防扬散、防流失、防渗漏或其他防止污染环境的措施。

危险货物运输

　　危险废物的运输是指从危险废物产生地移至处理或处置地的过程。危险废物的运输需选择合适的容器、确定装载的方式、选择适宜的运输工具、确定合理的运输路线以及制定泄漏或临时事故的补救措施。

　　危险废物运输单位需要具备危险货物运输资质，运输危险废物的车辆必须是危险货物运输车辆。运输者应经过专门的培训，并配备必要的防护工具，熟悉突发状况的应急处理措施。

　　运输单位和个人在运输危险废物过程中，应按要求填写《危险废物转移联单》，并采取防扬散、防流失、防渗漏或其他防止污染环境的措施。不得将危险废物与旅客在同一运输工具上载运。

56. 什么是危险废物贮存？

　　危险废物贮存是指将固体废物临时置于特定设施或者场所中的活动。贮存方式可分为集中贮存和分散贮存两种。贮存目的在于将危险废物进行处置前，将其放置在符合环境保护标准的场所或者设施中，将分散的危险废物进行集中，防止危险废物贮存过程造成环境污染。

57. 哪些危险废物贮存前必须进行预处理？

《危险废物贮存污染控制标准》（GB 18597—2001）中规定，在常温常压下易爆、易燃及排出有毒气体的危险废物必须进行预处理，使之稳定后贮存，否则，按易爆、易燃危险品贮存。

58. 对危险废物贮存容器有哪些要求？

盛装危险废物的容器材质和衬里要与危险废物相容，例如，塑料容器不用于贮存废溶剂。对于反应性的危险废物，需装在防潮的密闭容器中；对于腐蚀性的危险废物，需装在衬胶、衬玻璃或塑料的容器中，甚至是不锈钢容器中。

除相容特性外，盛装危险废物的容器及材质要有足够的强度，必须完好无损、防止泄漏。只有在装入或是转移废物时方可开启，如若发生危险废物容器损坏，必须立即处理并重新装入完好容器中，并且需要对容器进行定期检查以评估其安全状况。

液体危险废物可注入开孔直径不超过 70 mm 并有放气孔的桶中。

危险废物贮存容器不再用于贮存危险废物时，必须清除所有的危险废物及其残余物，若该容器不再作为他用，则不需清除并作为危险废物一同处理。

59. 危险废物贮存设施内清理出来的泄漏物是否应该按照危险废物处理？

危险废物贮存设施清理出来的泄漏物，一律按照危险废物处理，不得随意倾倒。危险废物贮存设施内清理出来的泄漏物可能是由于包装破损、物质溶出等原因产生的，由于危险废物本身具有腐蚀性、毒性、易燃性、反应性和感染性等特性，所以，不管是危险废物本身还是其溶出物，均具有此类特性，为保证环境安全和人体健康，必须将其视为危险废物处理。

60. 医院产生的临床废物的贮存有什么特别要求？

　　医院产生的临床废物的贮存不仅需要遵守危险废物贮存的一般要求，如使用专用的贮存设施、分类堆放、当无法装入常用容器时应用防漏胶袋盛装、需要贴有标签等，还应注意必须当日消毒，消毒后方可装入容器内。常温下贮存期不得超过1天，于5℃以下冷藏的，不得超过7天。

61. 危险废物集中贮存设施的选址有什么要求？

　　（1）地质结构稳定，地震烈度不超过7度的区域内。

　　（2）设施底部必须高于地下水最高水位。

　　（3）安全防护距离根据环境影响评价结论确定。

（4）应避免建在溶洞区或易受到严重自然灾害如洪水、滑坡、泥石流、潮汐等影响的地区。

（5）应在易燃、易爆等危险品仓库、高压输电线路防护区域以外。

（6）应位于居民中心区常年最大风频的下风向。

（7）集中贮存的废物堆，基础必须防渗，防渗层为至少 1 m 厚黏土层（渗透系数 $\leqslant$ 10 ～ 7 cm/s），或 2 mm 厚的高密度聚乙烯，或至少 2 mm 厚的其他人工材料，渗透系数 $\leqslant$ 10 ～ 10 cm/s 的要求。

62. 危险废物贮存设施应符合哪些要求？

（1）地面与裙角要用坚固、防渗的材料建造，建筑材料必须与危险废物相容。

（2）必须有泄漏液体收集装置、气体导出口及气体净化装置。

（3）设施内要有安全照明设施和观察窗口。

（4）用以存放装载液体、半固体危险废物容器的地方，必须有耐腐蚀的硬化地面，且表面无裂隙。

（5）应设计堵截泄漏的裙脚，地面与裙脚所围建的容积不低于堵截最大容器的最大储量或总储量的 1/5。

（6）不相容的危险废物必须分开存放，并设有隔离间隔断。

63. 危险废物贮存设施应怎样运行和管理？

不得将不相容的废物混合或合并存放。

（1）从事危险废物贮存的单位，必须得到有资质单位出具的该危险废物样品物理和化学性质的分析报告，认定可以贮存后，方可接收。

（2）危险废物贮存前应进行检验，确保同预定接收的危险废物一致，并登记注册。

（3）不得接收未粘贴符合规定的标签或标签没按规定填写的危险废物。

（4）盛装在容器内的同类危险废物可以堆叠存放。

（5）每个堆间应留有搬运通道。

（6）不得将不相容的废物混合或合并存放。

（7）危险废物产生者和危险废物贮存设施经营者均须做好危险废物情况的记录，记录上须注明危险废物的名称、来源、数量、特性和包装容器的类别、入库日期、存放库位、废物出库日期及接收单位名称。

危险废物的记录和货单在危险废物回取后应继续保留三年。

（8）必须定期对所贮存的危险废物包装容器及贮存设施进行检查，发现破损，应及时采取措施清理更换。

（9）泄漏液、清洗液、浸出液必须符合《污水综合排放标准》（GB 8978）的要求方可排放，气体导出口排出的气体经处理后，应满足《大气污染物综合排放标准》（GB 16297）和《恶臭污染物排放标准》（GB 14554）的要求。

———

64. 危险废物贮存设施的关闭需要注意哪些问题？

（1）危险废物贮存设施经营者在关闭贮存设施前应提交关闭计划书，经批准后方可执行。

（2）危险废物贮存设施经营者必须采取措施消除污染。

（3）无法消除污染的设备、土壤、墙体等按危险废物处理，并运至正在营运的危险废物处理处置场或其他贮存设施中。

（4）监测部门的监测结果表明已不存在污染时，方可摘下警示标志，撤离留守人员。

第五部分
危险废物的资源化利用

65. 哪些危险废物适于资源化利用？

　　具有较高的物质和能量利用价值，且经济技术可行的危险废物适于资源化利用。例如，电镀污泥、废电路板、废矿物油、废有机溶剂、废催化剂、废弃的铅蓄电池等。

66. 我国危险废物利用处置现状如何？

　　据《2016 年全国大中城市固体废物污染环境防治年报》，2015年，我国 246 个大、中城市工业危险废物产生量达 2 801.8 万 t，其中，综合利用量 1 372.7 万 t、处置量 1 254.3 万 t。工业危险废物综合利用量和处置量分别占利用处置总量的 48.3% 和 44.1%。

67. 危险废物的资源化利用需要注意哪些事项？

危险废物的资源化利用首先应该确保其安全性，包括环境安全和人体安全。利用后，不得有危险成分进入环境或生物链的风险。其次要考虑目前的工艺技术成熟程度，应该有相应的标准和技术规范。利用危险废物生产的原材料或者燃料，应当符合国家有关产品质量的标准。

68. 危险废物资源化利用的方法有哪些？

危险废物资源化利用的方法包括直接利用（reuse）和再生利用（recycle）。

直接利用是指将废物作为原生产过程中的某些原料的替代物，或用于其他生产过程中的原料替代物。例如，铬渣与原矿以一定的配比再次进入生产线熔炼、废包装桶不改变用途循环使用。

再生利用是利用一定的技术提取废物中有价值的材料。例如，从废弃的印刷电路板提取有价值的金属、废有机溶剂的提纯、废催化剂的再生。

69. 什么是危险废物的高温熔融玻璃化？

危险废物高温熔渣玻璃化技术是实现填埋减量的有效途径之一。该技术具有适应范围广、处置能力大、焚毁去除率高、烟气净化程度高等优点，其处置成本低于填埋处置的成本。熔渣（熔融）处置后的玻璃态物质，可将熔渣中重金属等有毒有害物质包封固化在玻璃态结构中，具有较强的稳定性，且体积较小，易于储存和转移。发达国家通常将该玻璃态物质作为一般工业固体废物管理，用作建材或作为一般固体废物填埋。

熔渣（熔融）处置后的玻璃态物质，可将熔渣中重金属等有毒有害物质包封固化在玻璃态结构中，具有较强的稳定性，且体积较小，易于储存和转移。

重金属　　有毒有害物质　　重金属

70. 什么是废矿物油的资源化利用？

废矿物油是指从石油、煤炭、油页岩中提取和精炼，在开采、加工和使用过程中由于外在因素作用导致改变了原有的物理和化学性能，不能继续使用的矿物油。

废矿物油的分类按照《国家危险废物名录》执行，其行业来源包括石油和天然气开采、精炼石油产品制造及非特定行业。

从上述废矿物油中提取物质作为原材料或者燃料的活动，称为废矿物油的资源化利用。

改变了原有的物理和化学性能，不能继续使用的矿物油。

油页岩

煤炭

石油

废矿物油

71. 废矿物油资源化利用技术方面的一般要求是什么？

（1）废矿物油的再生利用一般采用沉降、过滤、蒸馏、精制和催化裂解工艺，可根据废矿物油的污染程度和再生产品质量要求进行工艺选择。

（2）废矿物油再生利用产品应进行主要指标的检测，确保再生产品质量。

（3）鼓励废矿物油焚烧热能综合利用。

（4）废矿物油不应用做建筑脱模油；不应使用硫酸／白土法再生废矿物油。

（5）废润滑油的再生利用应符合《废润滑油回收与再生利用技术导则》（GB/T 17145—1997）中的有关规定。

72. 什么是废弃铅蓄电池的资源化利用？

对废弃铅蓄电池的资源化利用，主要是用于提取铅及其他金属，并控制其二次污染。

铅蓄电池是指由电解液、元件以及盛装它们的容器组成的，能够以化学能的形式储存接收的电能并能在接入用电回路后释放能量的装置。废弃的铅蓄电池栅板主要由二氧化铅组成，对废弃铅蓄电池的资源化利用，主要是用于提取铅及其他金属，并控制其二次污染。

73. 废弃铅蓄电池资源化利用技术方面的一般要求是什么？

（1）废弃铅蓄电池资源化利用一般采用预处理（机械打孔、破碎、分离等）、铅回收（火法冶金法或湿法冶金法）工艺，目前国内的铅回收企业96%以上采用火法冶炼工艺。

（2）废弃铅蓄电池资源化利用产品主要为再生铅，相关资源化利用企业（再生铅企业）须按照《危险废物经营许可证管理办法》获得许可证，并符合《再生铅行业准入条件》。

（3）废弃铅蓄电池资源化利用应符合《废铅酸蓄电池处理污染控制技术规范》（HJ 519—2009）中的有关规定。

74. 废镉镍电池如何进行资源化利用？

镍的火法回收是让其熔入铁水或采用较高温度的电炉冶炼，回收的产品是铁-镍合金。

铁-镍合金

目前采取预处理、蒸馏、浸出、湿法分离等技术可对废镉镍电池进行利用，利用方式包括火法和湿法。

采用火法回收镉是利用金属镉易挥发的性质，其温度范围为900～1 000℃。镍的火法回收是让其熔入铁水或采用较高温度的电炉冶炼，回收的产品是铁-镍合金。

采用湿法回收，对于湿法工业的浸出阶段，大多数采取硫酸浸出，少数采取氨水浸出。对于镍镉的分离，有电解沉淀、沉淀析出、萃取以及置换等几种方式。

75. 铬渣如何进行资源化利用？

由于铬渣中含有六价铬，具有高毒性，因此，在资源化利用过程中需要解毒或控制其含量。例如，我国的《铬渣污染治理环境保护技术规范（暂行）》（HJ/T 301—2007）中明确提出，在铬渣用作路基材料和混凝土骨料、用作水泥混合材料、替代部分黏土或粉煤灰用于制砖及砌块等，必须经过解毒。另外，铬渣资源化利用后的产品也有一定的限制，需要符合国家相应的标准，且保证其浸出液在一定限值以下。

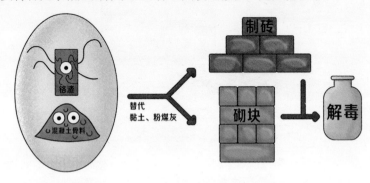

76. 废电路板如何进行资源化利用？

拆除元器件后的废电路板通常含有约 30% 的高分子材料、30% 的惰性氧化物和40% 的金属。废电路板的资源化技术有酸洗法、火法、热解法及机械物理法等。除了金属部分可资源化利用外，非金属部分可以用来制备复合材料。

77. 废液晶显示器如何进行资源化利用？

目前液晶显示器报废量很少，未形成较大的处理规模，主要以手工拆解为主，分离出其中的荧光灯管、金属框架、面板、废塑料、废线路板等部件，分别处理处置。荧光灯管交由危险废物经营许可证单位进行利用处置；金属框架作为金属材料进行循环利用；面板进行破碎处理，筛选出废玻璃制作建筑材料或提取金属铟；废塑料进行循环利用；废线路板则提取各种金属资源。

78. 废荧光灯管如何进行资源化利用？

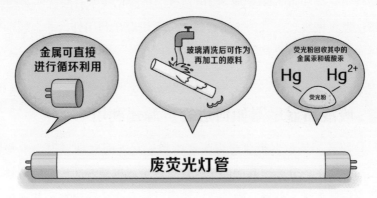

目前我国主要采用破碎、分选、脱汞和两级漂洗的方式处理废荧光灯管，分离出来的玻璃、金属、荧光粉等分别进行回收利用。玻璃经清洗后可作为再加工的原料，荧光粉送指定厂家处理回收其中的金属汞和硫酸汞，金属则可直接进行循环利用。

废荧光灯管资源化利用得到的资源可以用于重新生产新的荧光灯管，并投入市场进行销售，从而构筑起一条无限循环的产业链。

第六部分
危险废物的处置

79. 危险废物的处置方式主要有哪些？

危险废物处置主要包括焚烧处置和填埋处置两种方式。

焚烧

填埋

　　处置是指将固体废物焚烧和用其他改变固体废物的物理、化学、生物特性的方法，达到减少已产生的固体废物数量、缩小固体废物体积、减少或者消除其危险成分的活动，或者将固体废物最终置于符合环境保护规定要求的填埋场的活动。危险废物处置主要包括焚烧处置和填埋处置两种方式。

80. 什么是危险废物焚烧处置？

　　危险废物处理处置过程中，焚烧是一种的重要的技术手段，即通过高温破坏和改变固体废物的组成和结构，同时达到减容、无害化或综合利用的目的。相对于其他方法如化学消毒，焚烧具有以下优点：①危险废物的体积和质量均减小。②危险废物减量速度快。③可以就近焚烧处理，较少运输风险。④排气较易控制、污染较小。⑤可以完全有效地处理危险废物。⑥用热能回收技术，降低运行成本。由此可见焚烧技术在危险废物处理处置领域发挥了重要作用。

①体积和质量均减小。
②减量速度快。
③可以就近焚烧处理，较少运输风险。
④排气较易控制、污染较小。
⑤可以完全有效地处理危险废物。
⑥用热能回收技术，降低运行成本。

81. 什么是危险废物填埋处置？

填埋是固体废物的一种陆地处置手段。它由若干个处置单元和构筑物组成，处置场有界限规定，主要包括废物预处理设施、废物填埋设施和渗滤液收集处理设施。对危险废物进行填埋处置也是实现危险废物无害化安全处置目标的手段。

填埋是固体废物的一种陆地处置手段。

82. 危险废物处置为什么需要预处理？

我已经被处理过。

危险废物

提高进料均质化　提高进料稳定化　减少污染物排放负荷

　　危险废物种类繁多，成分复杂，通过配伍等预处理过程可避免不相容的废物混合后发生反应，提高进料均质化、稳定化，减少污染物排放负荷。

83. 危险废物焚烧炉控制的技术性能指标包括哪些？

　　根据《危险废物焚烧污染控制标准》（GB 18484—2001），焚烧炉的技术性能指标包括焚烧炉温度、烟气停留时间、燃烧效率、焚毁去除率、焚烧残渣的热灼减率等。

指标　废物类型	焚烧炉温度/℃	烟气停留时间/s	燃烧效率/%	焚毁去除率/%	焚烧残渣的热灼减率/%
危险废物	≥1100	≥2.0	≥99.9	≥99.99	<5
多氯联苯	≥1200	≥2.0	≥99.9	≥99.9999	<5
医院临床废物	≥850	≥1.0	≥99.9	≥99.99	<5

焚烧站

84. 危险废物焚烧应控制哪些大气污染物？

根据《危险废物焚烧污染控制标准》（GB 18484—2001），危险废物焚烧应控制烟气黑度、烟尘、一氧化碳、二氧化硫、氟化氢、氯化氢、氮氧化物、汞及其化合物、镉及其化合物、砷＋镍及其化合物、铅及其化合物、铬＋锡＋锑＋铜＋锰及其化合物、二噁英等，使其达到排放限值。

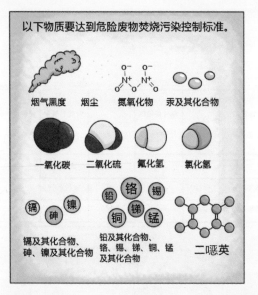

85. 如何处置危险废物焚烧底渣和飞灰？

危险废物焚烧会产生底渣和飞灰，在《国家危险废物名录》中明确规定危险废物焚烧、热解等处置过程中产生的底渣和飞灰为危险废物，其废物代码为 772-003-18，应按照危险废物相关要求进行安全处置。

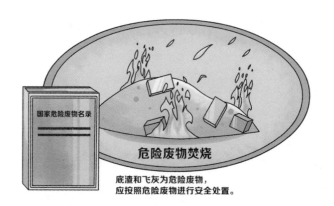

底渣和飞灰为危险废物，
应按照危险废物进行安全处置。

底渣和飞灰主要有以下三种处置方式：

（1）经过固化／稳定化处理后进入危险废物填埋场填埋。

（2）高温熔渣玻璃化技术。

（3）水泥窑协同处置技术。

焚烧飞灰、吸附二噁英
和其他有害成分的活性
炭等残余物应按照危险
废物进行处置。

86. 什么是水泥窑协同处置危险废物？

水泥

　　水泥窑协同处置危险废物是将危险废物投入水泥窑，在水泥生产的同时实现对废物的无害化处置。

　　与传统的危险废物焚烧炉相比，水泥窑协同处置具有焚烧温度高、焚烧空间大、焚烧停留时间长、焚烧状态稳定、碱性的环境气氛及投资成本低等优势。

87. 哪些危险废物适合水泥窑协同处置？

　　适合水泥窑协同处置的废物应满足水泥生产对原料或者燃料的基本特性要求，不应对水泥生产过程和水泥产品质量产生不利影响。入窑废物中重金属以及氯、氟、硫等有害元素的含量应满足《水泥窑协同处置固体废物环境保护技术规范》（HJ 662—2013）的要求。

并不是所有的危险废物都能进行水泥窑协同处置，如爆炸物及反应性废物、未经拆解的电池、含汞的温度计、血压计、荧光灯管和开关、未知特性和未经鉴定的废物等不能进行水泥窑协同处置。

88. 危险废物能否与一般废物一起填埋？

危险废物不能与一般废物一起填埋。由于危险废物具有浸出毒性，为防止其填埋后的浸出液污染土壤及地下水，在建设危险废物填埋场时，对其场址选择、入场要求、设计与施工、运行管理、封场及监测等方面都作出了具体的特殊要求，要求较一般工业固体废物填埋场高。

89. 哪些危险废物可以直接进入危险废物填埋场？

废物浸出液浓度低于《危险废物填埋污染控制标准》中允许进入填埋区控制限值的废物，可以直接进入危险废物填埋场。

填埋场

根据《固体废物浸出毒性浸出方法》和《固体废物浸出毒性测定方法》测得的废物浸出液浓度低于《危险废物填埋污染控制标准》（GB 18598—2001）中允许进入填埋区控制限值的废物，可以直接进入危险废物填埋场。

90. 哪些危险废物需经预处理后才能进入危险废物填埋场？

根据《固体废物浸出毒性浸出方法》和《固体废物浸出毒性测定方法》测得的废物浸出液超过《危险废物填埋污染控制标准》中允许

进入填埋区控制限值的废物，需经预处理后才能进入危险废物填埋场。

91. 危险废物填埋场的渗滤液需要处理吗？

严禁将危险废物填埋场集排水系统收集的渗滤液直接排放，必须对其进行处理并达到相关标准要求后方可排放。

92. 危险废物填埋场需要有哪些衬层？

危险废物填埋场可使用双人工衬层、复合衬层或天然材料衬层。

双人工衬层由上到下依次为废物填埋层、主排水层、上人工合成衬层、辅助排水层、下人工合成衬层、天然材料衬层、基础层。

复合衬层由上到下依次为废物填埋层、排水层、人工合成衬层、天然材料衬层、基础层。

天然材料衬层由上到下依次为废物填埋层、排水层、天然材料衬层、基础层。

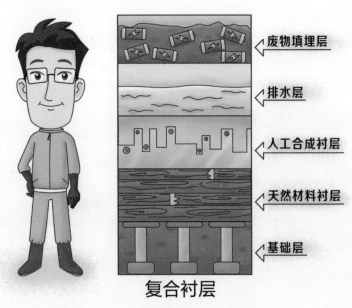

废物填埋层

排水层

人工合成衬层

天然材料衬层

基础层

复合衬层

第七部分
危险废物的环境管理

93. 我国危险废物管理建章立制的历程是怎样的？

1990年签署了《控制危险废物越境转移及其处置巴塞尔公约》，开始关注危险废物管理事宜。

1996年4月1日起实施《中华人民共和国固体废物污染环境防治法》，标志着我国危险废物管理体系开始建立。

1996—2003年成为我国危险废物污染防治建章立制的重要时期，期间颁布的多项危险废物及医疗废物污染防治的法规、规章及标准规范，基本都已沿用至今，为后续环境管理奠定了重要的工作基础。

2004年至今，制修订了多项规范性文件，对已有管理制度进行了有益补充。其中，2004年出台了《危险废物经营许可证管理办法》（2013年又出台了修正本），围绕设施建设出台了相应的技术要求和规范；中后期发布了多项管理制度，内容涵盖了危险废物鉴别、申报登记和台账试点、历史遗留铬渣治理、危险废物经营单位管理、环境信息发布、应对自然灾害污染防治指南等，体现了危险废物污染防治工作逐步向深度和广度发展。

2011 年，国家制定了《"十二五"全国危险废物规范化管理督查考核工作方案》，并建立了危险废物规范化管理指标体系，2012年环境保护部联合国家发展和改革委员会、工业和信息化部、卫生部印发了首个《"十二五"危险废物污染防治规划》，这是新时期下环境保护工作不断前行的阶段性成果，适应了新形势的发展要求，也体现了危险废物污染防治工作在不断向精细化管理方向迈进。

94. 我国危险废物污染防治的法规主要有哪些？

我国围绕《中华人民共和国固体废物污染环境防治法》，颁布

了《危险废物经营许可证管理办法》，标志着我国危险废物安全管理工作已经启动，该办法于 2004 年 5 月 19 日由国务院常务会议通过，2004 年 7 月 1 日起施行，是为加强对危险废物收集、贮存和处置经营活动的监督管理，防治危险废物污染环境而制定的，规定可在中华人民共和国境内从事危险废物收集、贮存、处置经营活动的单位，应当领取危险废物经营许可证，同时就申请领取危险废物经营许可证的条件、程序、监督管理和法律责任等内容作了进一步规定。2003 年伴随"非典"的爆发，国务院出台了《医疗废物管理条例》，该条例是为加强医疗废物的安全管理而制定的，内容涉及医疗废物管理的一般规定、医疗机构对医疗废物的管理、医疗废物的集中处置、监督管理、法律责任等，使得我国在医疗废物管理上有章可循。

95. 我国危险废物污染防治的标准规范有哪些？

污染控制标准：《危险废物贮存污染控制标准》（GB 18597—2001）、《危险废物焚烧污染控制标准》（GB 18484—2001）、《危险废物填埋污染控制标准》（GB 18598—2001）、《含多氯联苯废物污染控制标准》（GB 13015—1991）、《水泥窑协同处置固体废物污染控制标准》（GB 30485—2013）。

鉴别标准：《危险废物鉴别标准　通则》（GB 5085.7—2007）、《危险废物鉴别标准　腐蚀性鉴别》（GB 5085.1—2007）、《危险废物鉴别标准　急性毒性初筛》（GB 5085.2—2007）、《危险废物鉴别标准　浸出毒性鉴别》（GB 5085.3—2007）、《危险废物鉴别标准　易燃性鉴别》（GB 5085.4—2007）、《危险废物鉴别标准　反应性鉴别》（GB 5085.5—2007）、《危险废物鉴别标准　毒性物质含量鉴别》（GB 5085.6—2007）等。

技术规范及技术要求：《危险废物鉴别技术规范》（HJ/T 298—2007）、《危险废物（含医疗废物）焚烧处置设施二噁英排放监测技术规范》（HJ/T 365—2007）、《危险废物集中焚烧处置工程建设技术规范》（HJ/T 176—2005）、《医疗废物高温蒸汽消毒集中处理工程技术规范（试行）》（HJ/T 276—2006）、《医疗废物化学消毒集中处理工程技术规范（试行）》（HJ/T 228—2006）、《医疗废物微波消毒集中处理工程技术规范（试行）》（HJ/T 229—2006）、《医疗废物集中焚烧处置工程建设技术规范》（HJ/T 177—2005）、《医疗废物焚烧炉技术要求（试行）》（GB 19218—2003）、《医疗废物转运车技术要求（试行）》（GB 19217—2003）、《医疗废物集中处置技术规范（试行）》《铬渣污染治理环境保护技术规范（暂行）》（HJ/T 301—2007）、《水泥窑协同处置固体废物环境保护技术规范》（HJ 662—2013）等。

其他标准和规范：《医疗废物专用包装袋、容器和警示标志标准》（HJ 421—2008）、《环境镉污染健康危害区判定标准》（GB/T 17221—1998）、《固体废物处理处置工程技术导则》（HJ 2035—2013）等。

96. 为什么要进行危险废物的鉴定？

我国危险废物种类繁多、成分复杂，不可能所有的危险废物都包含在《国家危险废物名录》中。为了控制环境风险、节约环保资源、降低治理成本、提高环境管理的科学性和有效性，根据《国家危险废物名录》第八条："对不明确是否具有危险特性的固体废物，应当按照国家规定的危险废物鉴别标准和鉴别方法予以认定。经鉴别具有危险特性的，属于危险废物，应当根据其主要有害成分和危险特性确定所属废物类别，并按代码'900-000-××'（××为危险废物类别代码）进行归类管理。"

97. 为什么有些危险废物不具有明显的危险特性，却进行危险废物管理？

　　根据《国家危险废物名录》第二条："不排除具有危险特性，可能对环境或者人体健康造成有害影响，需要按照危险废物进行管理的固体废物和液态废物的，列入本名录。"例如，废矿物油等若不列入《国家危险废物名录》，则可能进入污染物处理不达标的小作坊，进而引发环境污染，因此需要按照危险废物进行管理。再如，抗生素菌渣类废物虽然对环境无明显的直接的危害，但是一旦进入食物链可造成人畜抗药性和人畜共患病（如禽流感），因此仍需将其按照危险废物进行管理。

98. 为什么需要实施危险废物经营许可证管理制度？

危险废物经营活动是一类直接关系公共安全、生态环境保护和人身健康、生命财产安全的特定活动，为了加强监督管理，防治危险废物污染环境，对其实施许可证管理制度。这也是许多国家的成功经验和通行做法，美国、日本、德国等许多国家，特别是发达国家，都把实行许可证管理作为控制危险废物、防治污染环境的一种重要手段。因此，在我国境内从事危险废物收集、贮存、处置经营活动的单位，都应当依照《中华人民共和国固体废物污染环境防治法》和《危险废物经营许可证管理办法》的有关规定，领取危险废物经营许可证。

加强监督管理

对危险废物实施许可证管理制度

防治危险废物污染环境

实施危险废物经营许可证管理制度

99. 危险废物经营许可证是终身有效的吗？

在中华人民共和国境内从事危险废物收集、贮存、处置经营活动的单位，应当依照《危险废物经营许可证管理办法》的规定，领取危险废物经营许可证。危险废物综合经营许可证有效期为 5 年；危险废物收集经营许可证有效期为 3 年。危险废物经营许可证有效期届满，危险废物经营单位继续从事危险废物经营活动的，应当于危险废物经营许可证有效期届满 30 个工作日前向原发证机关提出换证申请。原发证机关应当自受理换证申请之日起 20 个工作日内进行审查，符合条件的，予以换证；不符合条件的，书面通知申请单位并说明理由。

100. 申领危险废物综合经营许可证应当具备哪些条件？

（1）有 3 名以上环境工程或者相关专业中级以上职称，并有 3 年以上固体废物污染治理经历的技术人员。

（2）有符合国务院交通主管部门有关危险货物运输安全要求的运输工具。

（3）有符合国家或者地方环境保护标准和安全要求的包装工具，中转和临时存放设施、设备以及经验收合格的贮存设施、设备。

（4）有符合国家或者省、自治区、直辖市危险废物处置设施建设规划，符合国家或者地方环境保护标准和安全要求的处置设施、设备和配套的污染防治设施；其中，医疗废物集中处置设施，还应当符合国家有关医疗废物处置的卫生标准和要求。

（5）有与所经营的危险废物类别相适应的处置技术和工艺。

（6）有保证危险废物经营安全的规章制度、污染防治措施和事故应急救援措施。

（7）以填埋方式处置危险废物的，应当依法取得填埋场所的土地使用权。

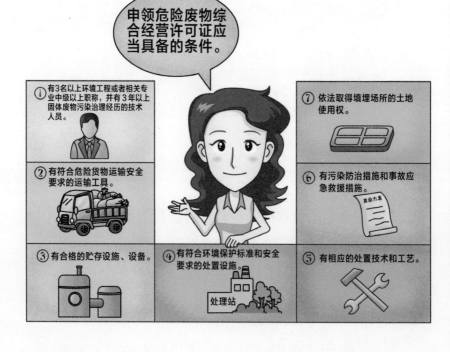

101. 申领危险废物收集经营许可证应当具备哪些条件？

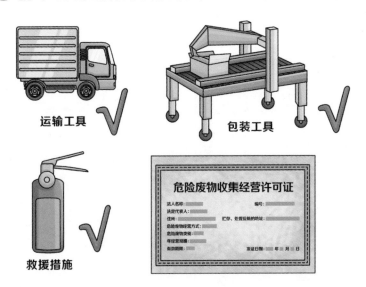

运输工具　√　包装工具　√

救援措施　√　危险废物收集经营许可证

法人名称：
法定代表人：
住所：　　　　　　　　贮存、处置设施的地址：
危险废物经营方式：
危险废物类别：
年经营规模：
有效期限：　　　　　　发证日期：　　年　月　日

（1）有防雨、防渗的运输工具。

（2）有符合国家或者地方环境保护标准和安全要求的包装工具，中转和临时存放设施、设备。

（3）有保证危险废物经营安全的规章制度、污染防治措施和事故应急救援措施。

102. 什么情况下需要变更危险废物经营许可证？

有下列情形之一的，危险废物经营单位应当按照原申请程序，重新申请领取危险废物经营许可证：

（1）改变危险废物经营方式的。

（2）增加危险废物类别的。

（3）新建或者改建、扩建原有危险废物经营设施的。经营危险废物超过原批准年经营规模 20% 以上的。

103. 如何变更危险废物经营许可证？

危险废物经营单位变更法人名称、法定代表人和住所的，应当自工商变更登记之日起 15 个工作日内，向原发证机关申请办理危险废物经营许可证变更手续。

104. 危险废物经营许可证的审批发证机关有哪些?

县级以上地方人民政府环境保护主管部门,负责危险废物经营许可证的审批颁发与监督管理工作。国家对危险废物经营许可证实行分级审批颁发,具体审批颁发的权限为:

（1）医疗废物集中处置单位的危险废物经营许可证,由医疗废物集中处置设施所在地设区的市级人民政府环境保护主管部门审批颁发。

（2）危险废物收集经营许可证,由县级人民政府环境保护主管部门审批颁发。

（3）年焚烧 1 万 t 以上危险废物的、处置含多氯联苯、汞等对环境和人体健康威胁极大的危险废物的、利用列入国家危险废物处置设施建设规划的综合性集中处置设施处置危险废物的单位的危险废物经营许可证及其他危险废物经营许可证，由省、自治区、直辖市人民政府环境保护主管部门审批颁发。

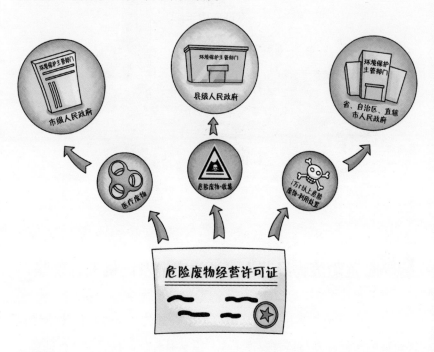

105. 危险废物经营许可证包括哪些主要内容？

危险废物经营许可证主要包括法人名称、法定代表人、住所；危险废物经营方式；危险废物类别；年经营规模；有效期限；发证日期和证书编号。危险废物综合经营许可证的内容，还应当包括贮存、处置设施的地址。

106. 危险废物经营情况记录的基本要求是什么？

危险废物经营单位应当建立危险废物经营情况记录簿，如实记载收集、贮存、处置危险废物的类别、来源、去向和有无事故等事项。

危险废物经营情况的记录要求分解落实到经营单位内部的运输、贮存（或物流）、利用（处置）、实验分析和安全环保等相关部门，各项记录应由相关经办人签字。有关记录应当分类装订成册，由专人管理，防止遗失，以备环保部门检查。有条件的单位应当采用信息软件进行辅助管理。

107. 危险废物经营情况记录簿的保存有什么要求？

危险废物经营单位应当将危险废物经营情况记录簿保存 10 年以上，以填埋方式处置危险废物的经营情况记录簿应当永久保存。终止经营活动的，应当将危险废物经营情况记录簿移交所在地县级以上地方人民政府环境保护主管部门存档管理。

危险废物经营单位　保存10年以上

108. 危险废物收集经营许可证单位有何特别规定？

领取危险废物收集经营许可证的单位，应当与处置单位签订接收合同，并将收集的废矿物油和废镉镍电池在 90 个工作日内提供或者委托给处置单位进行处置。

109. 危险废物经营单位规范化管理指标中主要有哪些检查项目？

危险废物规范化管理指标体系依据《中华人民共和国固体废物污染环境防治法》《危险废物经营许可证管理办法》《危险废物焚烧污染控制标准》（GB 18484）、《危险废物贮存污染控制标准》（GB 18597）、《危险废物填埋污染控制标准》（GB 18598）等法律法规和标准制定的。针对经营单位，共设置了 10 大项 27 小项的检查项目，主要包括危险废物识别标志设置情况，危险废物管理计划制订情况，危险废物申报登记、转移联单、应急预案备案、危险废物经营许可证、记录和报告经营情况等管理制度执行情况，贮存、利用、处置危险废物是否符合相关标准规范，运行安全要求等内容。

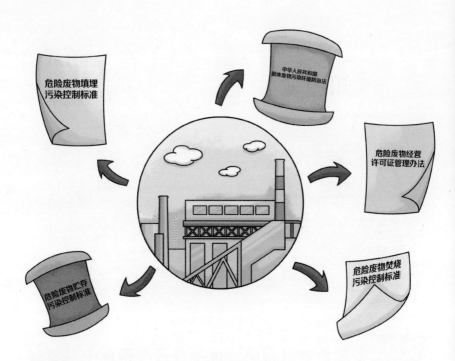

110. 自行利用处置危险废物的单位是否需要办理危险废物经营许可证？

我国危险废物经营许可证只适用于从事收集、贮存、利用、处置危险废物的经营活动，即不只是或不是为收集、贮存、处置自己产生的危险废物；而是面向社会，对外服务，从事专门性的经营活动。这包括区域性的集中收集、贮存、利用、处置设施，也包括企业将自建的危险废物贮存、利用、处置设施对外单位开放，接收其他单位的危险废物或加入区域性危险废物处置网络系统而承担的贮存、利用、处置其他单位的危险废物的任务。因此，目前企事业单位自行收集、贮存、利用、处置自己产生的危险废物则不必获得许可，但须符合国家的有关规定，并应接受环境保护部门和其他监督管理部门的监督管理。

111. 非法排放、倾倒、处置危险废物会受到哪些惩罚？

依据《最高人民法院、最高人民检察院关于办理环境污染刑事案件适用法律若干问题的解释》，"非法排放、倾倒、处置危险废物3 t以上的"被认定为"严重污染环境"，触犯《中华人民共和国刑法》第三百三十八条，构成污染环境罪，将处三年以下有期徒刑或者拘役，并处或者单处罚金；后果特别严重的，处三年以上七年以下有期徒刑，并处罚金。

112. 处置危险废物时有毒有害物质超标排放有哪些处罚？

按照《中华人民共和国固体废物污染环境防治法》第七十五条，"违反本法有关危险废物污染环境防治的规定，有下列行为之一的，由县级以上人民政府环境保护行政主管部门责令停止违法行为，限期改正，处以罚款"。这些行为中包括"未采取相应的防范措施，造成危险废物扬散、流失、渗漏或者造成其他环境污染的"，"处一万元以上十万元以下的罚款"。

另依据《最高人民法院、最高人民检察院关于办理环境污染刑事案件适用法律若干问题的解释》，"非法排放含重金属、持久性有机污染物等严重危害环境、损害人体健康的污染物超过国家污染物排放标准或者省、自治区、直辖市人民政府根据法律授权制定的污染物排放标准三倍以上的"被认定为"严重污染环境"，触犯《中华人民共和国刑法》第三百三十八条，构成污染环境罪，将处三年以下有期徒刑或者拘役，并处或者单处罚金；后果特别严重的，处三年以上七年以下有期徒刑，并处罚金。

113. 突发性事故造成危险废物严重环境污染时，应如何处理？

因发生事故或者其他突发性事件，造成危险废物严重污染环境的单位，应对已发生的污染立即采取减轻或消除的措施，防止污染危害进一步扩大；及时通报可能受到污染危害的单位和居民，使其在第一时间了解危害的程度，能够有充足的时间采取转移、躲避、防御和救护等措施；向所在地县级以上地方人民政府环境保护行政主管部门和有关部门报告并接受调查处理，报告内容主要包括事故的类型、发生的时间、地点、排污数量、经济损失、人员受害情况等，重大或特大的环境污染事故要在发生事故后算起的 48 h 内报告，事故查清后要进一步对事故发生的原因、过程、危害、采取的措施、处理结果以及事故的潜在危害或间接危害、社会影响、遗留的问题和防范措施进行书面报告。

114. 危险废物可以跨国转移吗？

危险废物的跨国转移一般称为危险废物越境转移。我国境内产生、收集、贮存、处置、利用危险废物的单位，可以向境外《控制危险废物越境转移及其处置巴塞尔公约》缔约方出口危险废物，但必须取得危险废物出口核准。

申请出口者应当按照《危险废物出口核准管理办法》（国家环境保护总局令第47号）的要求向环境保护部提交书面申请材料，环保部依法进行受理、材料审查、初步核准、书面征求进口国（地区）和过境国（地区）主管部门意见、最终核准，并签发危险废物出口核准通知单允许危险废物出口。

115. 国外的危险废物是否允许进入或过境我国？

国外的危险废物不允许进入或过境我国。从境外接收危险废物或经我国过境转移危险废物，如果转移过程控制不当或不力，极易发生严重的污染事故，对我国环境和人民群众的身体健康和公共安全造

成危害，使我国成为危险废物污染受害方。因此，为保护我国的环境和人民健康，维护社会正常秩序，《中华人民共和国固体废物污染环境防治法》《固体废物进口管理办法》等法律法规规定我国禁止进口危险废物，禁止经中华人民共和国过境转移危险废物。

116. 产生危险废物的企业应该如何管理和处置危险废物？

产生危险废物的单位，必须按照国家有关规定制订危险废物管理计划，并向所在地县级以上地方人民政府环境保护行政主管部门申报危险废物的种类、产生量、流向、贮存、处置等有关资料。前款所称危险废物管理计划应当包括减少危险废物产生量和危害性的措施以及危险废物贮存、利用、处置措施。危险废物管理计划应当报产生危险废物的单位所在地县级以上地方人民政府环境保护行政主管部门备案。本条规定的申报事项或者危险废物管理计划内容有重大改变的，应当及时申报。产生危险废物的单位，必须按照国家有关规定处置危险废物，不得擅自倾倒、堆放；不处置的，由所在地县级以上地方人民政府环境保护行政主管部门责令限期改正；逾期不处置或者处置不符合国家有关规定的，由所在地县级以上地方人民政府环境保护行政主管部门指定单位按照国家有关规定代为处置，处置费用由产生危险废物的单位承担。

117. 美国怎样对危险废物进行管理？

抓大放小
循序渐进

采取经济措施
防止环境损害

要求企业信息公开
接受公众监督

美国的《资源保护与回收利用法》（RCRA）建立了一套相对完善的固体废物污染防治与资源循环利用管理体系，其中对危险废物采用源削减、回收再生利用、最终处置的分步骤管理策略。

美国采用的管理手段有：

（1）抓大放小、循序渐进。美国国家环境保护局（EPA）将注意力主要集中在危险废物产生量大的设施上，给大部分产生者制定了管理标准。

（2）采取经济措施，防止环境损害。EPA 要求相关危险废物处置设施必须进行责任保险；危险废物处置设施的封场及封场后管理等相关费用需要提前准备。

（3）要求企业信息公开、接受公众监督。《美国信息自由法》和《资源保护与回收法》均要求除保密材料外，危险废物处理处置单位所有信息均必须对外公开。

118. 日本怎样对危险废物进行管理？

危险废物管理

1.强化危险废物产生者的责任；
2.严格执法，减少危险废物数量，消除其危害；
3.推动危险废物减量和循环利用的技术研发、示范与推广。

日本在强化危险废物源头预防和最小化方面采取了很多措施，包括：①强化危险废物产生者的责任；②严格执行《废弃物处理法》，减少危险废物数量，消除其危害；③推动危险废物减量和循环利用的技术研发、示范与推广。

日本推行资质管理措施，《废弃物处理法》规定，为了使每个工厂的危险废物的处理工作得以妥善进行，必须设置特别责任人，且此责任人必须是拥有环境省令的资格者。

119. 欧盟怎样对危险废物进行管理？

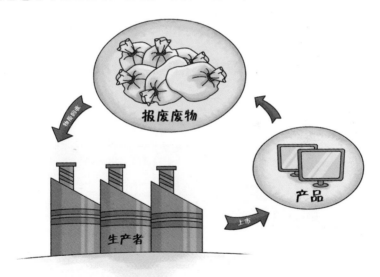

欧盟出台了废物管理的相关指令，推动成员国内部废物管理政策的发展。相关指令原则有：①废物管理的层次：预防、再使用、循环利用、能量物质回收、最终填埋处置。②最佳可行技术原则（BAT）：处置设施必须采用最佳可行技术。最佳可行技术主要从技术、环境和经济三方面进行综合选择。③就近原则：废物尽量在其产生或收集地处理。④自给自足原则：每个成员国、每个共同体负责其自身产生的废物。⑤污染者付费原则：废物处置设施的处理费用不是由纳税人支付，而是由污染者付费。

此外，欧盟制定了由末端管理策略提升为全生产过程的废物管理战略，产品设计和开发阶段充分考虑产品报废后面临的问题。面向产业（链）的废物管理政策包括：①考虑整个产业链的全过程；②考虑所有环境要素；③不允许将环境压力转移到产业链中的其他阶段；④在能取得最大收益的关键点开展工作；⑤在整个行业中侧重于主要关键流。

120. 国外危险废物污染治理案例有哪些？

　　位于美国新泽西州伊丽莎白市的 Chemical Control Corporation（CCC）超级基金场地，占地约 8 100 m²，位于靠近伊丽莎白河附近的工业区。历史上曾经是一片沼泽地，1970—1978 年 CCC 公司将场地作为危险废物储存、处理和处置设施，接收过不同类型的化学品，比如废酸、含砷废物、废碱、氰化物、易燃溶剂、多氯联苯、压缩空气、生物制剂、杀虫剂等。1980 年发生了一起火灾及爆炸，场地被完全摧毁，甚至导致一些燃烧着并装有固体废物的存储桶被射向空中，救火时产生的消防废水流入了伊丽莎白河。

　　调查结果显示，现场表层土壤及附近伊丽莎白河中的底泥受到了挥发性有机物（VOCs）、半挥发性有机物（SVOCs）、农药、重金属的污染；现场的深层土壤则受到了 VOCs 的污染。而且，场地靠近河口以及河口动物区系关键栖息地，受污染的地表水以及底泥将对这些关键栖息地构成非常大的威胁。

　　现场治理分为三个步骤：应急处置，以及两个长期的修复阶段。从 20 世纪 80 年代早期开始，美国国家环保局采取了一些应急处置措施以保护人体健康和环境安全。包括移除以及清理现场 11 个集装箱和 1 辆真空槽车，清理堵塞了的所有雨水管、187 个现场气瓶以及从伊丽莎白河打捞上来的 1 个气瓶的采样以及移除工作，完成有针对性的场地调查工作，以及移除所有场地周边与场地相关的容器。完成应急处置措施之后，美国国家环保局修建了雨水截流井和围堰以防止现场受污染土壤随雨水流入伊丽莎白河，并且清除了 5 个箱式货车。除此之外，气瓶中无害的气体被直接排放，易处理的气体在现场被处理后排放，而有毒有害气体则外运加以合理后续处置。所有这些现场治理过程中产生的危险废物均在及时收集后由美国国家环保局送往一个联邦许可的处置场地。

1987 年，美国国家环保局制定了本场地污染土壤的最终修复方案，包括：

（1）对现场污染土壤进行固化／稳定化处理，以大幅降低污染土壤中污染物的迁移性。

（2）移除早期现场应急措施中产生并留下的各种固体废物。

（3）封掉场地内污水管线与外界的接口。

（4）修缮将场地与伊丽莎白河分隔开的围堰。

（5）采集并分析环境样品以确认选用修复方案的实施效果。

（6）每 5 年一次评估，3 次验证是否达到决策目标。

最终，场地修复在 1993 年 12 月完成。美国国家环保局在 1998 年完成了第一次 5 年评估，其结果显示固化／稳定化处理后的污染土壤没有产生任何渗滤液，且现场 3# 监测井中特征污染物氯乙烯与 2-丁酮的浓度均大幅下降，但其中 1# 监测井中污染物的浓度降低不如另外两个显著。2009 年，美国国家环保局完成了针对本场地的第三次 5 年评估，其结果显示所完成的场地修复仍然能够满足对人体健康和环境的保护。

WEIXIAN FEIWU WURAN FANGZHI

ZHISHI WENDA

危险废物污染防治 知识问答

第八部分
公众参与

121. 环境保护主管部门应如何公开危险废物相关信息?

    依据《企业事业单位环境信息公开办法》要求,设区的市级人民政府环境保护主管部门应当于每年 3 月底前确定本行政区域内重点排污单位名录,并通过政府网站、报刊、广播、电视等便于公众知晓的方式公布。

    对于列入国家重点监控企业的危险废物产生或经营单位,环境保护行政主管部门还应根据《国家重点监控企业污染源监督性监测及信息公开办法(试行)》的要求,公开危险废物产生或经营单位的监督性监测结果。鼓励未列入重点排污单位名录的涉危险废物单位参照重点排污单位自行公开环境信息。

122. 危险废物集中处置单位应通过哪些渠道公开相关信息？

依据《企业事业单位环境信息公开办法》要求，危险废物集中处置单位应当通过其网站、环境信息公开平台或者当地报刊等便于公众知晓的方式公开环境信息。同时可以采取以下一种或者几种方式予以公开：

（1）公告或者公开发行的信息专刊。

（2）广播、电视等新闻媒体。

（3）信息公开服务、监督热线电话。

（4）本单位的资料索取点、信息公开栏、信息亭、电子屏幕、电子触摸屏等场所或者设施。

（5）其他便于公众及时、准确获得信息的方式。

123. 企业公开的信息应该包括哪些内容？

（1）基础信息，包括单位名称、组织机构代码、法定代表人、生产地址、联系方式，以及生产经营和管理服务的主要内容、产品及规模。

（2）排污信息，包括主要污染物及特征污染物的名称、排放方式、排放口数量和分布情况、排放浓度和总量、超标情况，以及执行的污染物排放标准、核定的排放总量。

（3）防治污染设施的建设和运行情况。

（4）建设项目环境影响评价及其他环境保护行政许可情况。

（5）突发环境事件应急预案。

（6）其他应当公开的环境信息。

列入国家重点监控企业名单的危险废物经营单位还应当公开其环境自行监测方案。

124. 公众可以通过哪些途径参与危险废物管理?

在危险废物建设项目环境影响评价阶段，公众可依据《环境影响评价公众参与暂行办法》，在有关信息公开后，以信函、传真、电子邮件等方式，向建设单位或者其委托的环境影响评价机构、负责审批或者重新审核环境影响报告书的环境保护行政主管部门，提交书面意见。个人或者组织可以凭有效证件在举行听证会的 10 日前，依据

具体项目公告的规定，向听证会组织者申请旁听公开举行的听证会。

公民、法人和其他组织发现危险废物相关活动中任何单位和个人有污染环境和破坏生态行为的，有权向环境保护行政主管部门或者其他负有环境保护监督管理职责的部门举报；发现危险废物环境监管部门不依法履职的，有权向其上级机关或者检察机关举报。

125. 家庭日常生活中如何减少危险废物的产生？

《中华人民共和国固体废物污染环境防治法》第三条规定："国家对固体废物污染环境的防治，实行减少固体废物的产生量和危害性、充分合理利用固体废物和无害化处置固体废物的原则，促进清洁生产和循环经济发展。"危险废物作为固体废物的重要组成部分，

普通公众有义务在家庭日常生活中减少危险废物的产生。如在生活中做到合理用药，必要时使用小包装药品，减少家庭医药贮存量；在外出游玩时，尽可能使用手机或数码相机进行拍照留念，减少使用胶片相机；在日常用品选择上，不使用含汞荧光灯管、含汞血压计、含汞温度计等，降低含汞危险废物的产生和危害。

126. 遇到危险废物的突发性事件时公众应如何防护？

普通民众遇到涉危险废物突发事件时，应采取必要措施转移、疏散或撤离事发区域，采取一切防范和保障性措施保证自身安全。第一时间向环境保护行政主管部门反映事发地点及所了解的相关情况；

及时关注应急救援队伍和突发事件中负有特定职责的人员向社会发布有关采取特定措施避免或者减轻危害的建议、劝告。

平时，应注重涉危险废物的安全意识和自救能力的培养。如发现危险废物被随意倾倒，或某些废物暴露于空气或水体导致环境污染，不要靠近事发地点，而应第一时间告知当地环境保护主管部门进行处理。

978-7-5111-3247-5
定价：23 元

978-7-5111-1624-6
定价：23 元

978-7-5111-3169-0
定价：23 元

978-7-5111-0966-8
定价：26 元

978-7-5111-2067-0
定价：18 元

978-7-5111-3138-6
定价：24 元

978-7-5111-3798-2
定价：22 元

978-7-5111-2370-1
定价：20 元

978-7-5111-3246-8
定价：22 元

978-7-5111-2102-8
定价：20 元

978-7-5111-3209-3
定价：28 元

978-7-5111-2637-5
定价：18 元

978-7-5111-3555-1
定价：23 元

978-7-5111-2369-5
定价：25 元

978-7-5111-3369-4
定价：22 元

978-7-5111-2642-9
定价：22 元

978-7-5111-2371-8
定价：24 元

978-7-5111-2971-0
定价：30 元

978-7-5111-2857-7
定价：22 元

978-7-5111-2970-3
定价：23 元

978-7-5111-2871-3
定价：24 元

978-7-5111-3105-8
定价：20 元

978-7-5111-2725-9
定价：24 元

978-7-5111-3210-9
定价：23 元

978-7-5111-2972-7
定价：23 元

978-7-5111-3416-5
定价：22 元

978-7-5111-0702-2
定价：15 元

978-7-5111-3139-3
定价：23 元

978-7-5111-1357-3
定价：20 元

978-7-5111-3725-8
定价：32 元

978-7-5111-2973-4
定价：26 元